AOMI TIA

孩子最爱看的

奥秘天下

HAIZI ZUI AI KAN DE
DIQIU
AOMI CHUANQI

地球奥秘传奇

主编 崔钟雷

北方联合出版传媒（集团）股份有限公司
万卷出版公司

前言
PREFACE

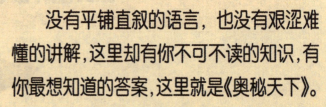

　　没有平铺直叙的语言，也没有艰涩难懂的讲解，这里却有你不可不读的知识，有你最想知道的答案，这里就是《奥秘天下》。

　　这个世界太丰富，充满了太多奥秘。每一天我们都会为自己的一个小小发现而惊喜，而《奥秘天下》是你观察世界、探索发现奥秘的放大镜。本套丛书涵盖知识范围广，讲述的都是当下孩子们最感兴趣的知识，既有现代最尖端的科技，又有源远流长的

古老文明;既有驾驶海盗船四处抢夺的海盗，又有开着飞碟频频光临地球的外星人……这里还有许多人类未解之谜、惊人的末世预言等待你去解开、验证。

　　《奥秘天下》系列丛书以综合式的编辑理念，超海量视觉信息的运用，作为孩子成长路上的良师益友，将成功引导孩子在轻松愉悦的氛围内学习知识，得到切实提高。

编　者

目录
CONTENTS

CONTENTS

Chapter 2 第二章

目录
CONTENTS

Chapter 3　第三章

奥秘天下
AOMI TIANXIA
孩子最爱看的
地球奥秘传奇
HAIZI ZUI AI KAN DE
DIQIU AOMI CHUANQI

Chapter 4　第四章

目录
CONTENTS

Chapter 5　第五章

Chapter 6　第六章

CHAPTER 1 第一章

亚洲

亚洲不仅有着悠远的古老文明，更蕴藏了数不尽的传奇。现在，这片神奇的土地正焕发着迷人的风采，古老的亚细亚向世人展现着它旺盛的生命力。

玛瑙湖中多彩的宝石。

神秘的 玛瑙湖
AOMI TIANXIA

zài nèi měng gǔ xī bù de máng máng gē bì zhī zhōng yǒu yí gè shén qí de mǎ
在内蒙古西部的茫 茫戈壁之中，有一个神奇的"玛

nǎo hú hú de zǒng miàn jī dà yuē wéi wàn píng fāng qiān mǐ jǐn hú xīn dì qū jiù dá jǐ
瑙湖"，湖的总 面积大约为4万平方千米，仅湖心地区就达几

shí píng fāng qiān mǐ hú lǐ bú dàn yǒu mǎ nǎo hái yǒu dàn bái yù fēng líng shí shuǐ jīng shí
十平方千米。湖里不但有玛瑙，还有蛋白玉、风凌石、水晶石

等多种宝石，是一处名副其实的璀璨宝地。

玛瑙湖的奇特之处在于它的底部和四周铺满了色泽鲜红、晶莹透亮的玛瑙石子，在阳光的照耀下，光芒四射，犹如一块宝石铺就的地毯，格外壮观。更令人惊叹的是，每当晚霞初降，在几十千米外便可看到玛瑙湖中的玛瑙将斜阳的光束染红，并折射在天空中。如果赶上白云经过，玛瑙的折光便将白云染成五色，令人魂飞神

▲ 由于连年干旱，湖水干涸并露出了铺满玛瑙、碧玉的湖底。

wǎng nà me mǎ nǎo hú de qí guān shì zěn me xíng chéng de ne
往。那么,玛瑙湖的奇观是怎么形成的呢?

yuán lái zhè lǐ zài yì nián qián céng fā shēng huǒ shān pēn fā yán shí zhōng liú xià
原来,这里在1亿年前曾发生火山喷发,岩石中留下

xǔ duō qì kǒng hé kōng dòng bǎo hán èr yǎng huà guī de huǒ shān rè yè wú kǒng bú rù
许多气孔和空洞,饱含二氧化硅的火山热液无孔不入,

tián mǎn le zhè xiē qì kǒng hé kōng dòng jīng cháng qī yǎn huà biàn xíng chéng le mǎ nǎo hé
填满了这些气孔和空洞。经长期演化,便形成了玛瑙和

bì yù
碧玉。

美丽的玛瑙?

玛瑙是玉石的一种,其颜色美丽多变,呈现出玲珑别透的色彩。据有关记载,美索不达米亚的早期居民沙美里亚人就有用玛瑙来制作图章、信物、戒指、串珠和其他艺术品的历史。

印度圣河 之谜

AOMI TIANXIA

fā yuán yú xǐ mǎ lā yǎ shān shān jiǎo de héng hé
发源于喜马拉雅山山脚的恒河

yùn yù le huī huáng càn làn de yìn dù wén míng shì yìn
孕育了辉煌灿烂的印度文明，是印

dù de xiàng zhēng zài yìn dù jiào tú de yǎn zhōng héng
度的象征。在印度教徒的眼中，恒

hé shuǐ shì zuì shèng jié de gān lù tā men rèn wéi zhǐ
河水是最圣洁的甘露，他们认为只

yǒu shèng jié de héng hé cái néng xǐ jìng qián chéng de
有圣洁的恒河才能洗净虔诚的

cháo shèng zhě chōng mǎn shì sú zuì niè de líng hún bìng
朝圣者充满世俗罪孽的灵魂，并

shǐ zhī dé dào zhěng jiù yīn cǐ héng hé yǒu shèng hé
使之得到拯救。因此恒河有"圣河"

zhī chēng
之称。

流域面积

恒河的流域面积占印度领土1/4,养育着高度密集的人口。

恒河中沐浴

印度人民一生中至少要在恒河里沐浴一次，以洗净自己所有的罪孽。

恒河的支流

恒河有着许多条支流,河面宽阔,水流浩荡地奔向下游。

héng hé bèi kàn zuò shì jìng huà nǚ shén de huà shēn
恒河被看做是净化女神的化身。

▲ 夕阳西下中的恒河。

xiāng chuán jìng huà nǚ shén qǐ chū zài tiān guó zhōng liú tǎng pà jí lè tǎ guó wáng wèi le
相传,净化女神起初在天国中流淌,帕吉勒塔国王为了

jìng huà rén lèi de gǔ huī jiāng tā dài dào le rén jiān tā rú guǒ zhí jiē luò xià huì chōng
净化人类的骨灰,将她带到了人间。她如果直接落下,会冲

zǒu dì shang de rén lèi wèi le jiāng hóng shuǐ fēn liú tā shǒu xiān zài shī pó de tóu dǐng luò
走地上的人类,为了将洪水分流,她首先在湿婆的头顶落

xià rán hòu shùn zhe shī pó fēn luàn de tóu fà huà zuò juān juān xì liú zhè jiù shì jīn tiān de
下,然后顺着湿婆纷乱的头发化作涓涓细流,这就是今天的

héng hé xiàn zài měi nián dōu huì yǒu cháo shèng zhě bù cí láo kǔ cháng tú bá shè de lái
恒河。现在,每年都会有朝圣者不辞劳苦,长途跋涉地来

喝恒河水或在圣水中沐浴。

恒河不过是一条普通的河流，是因为宗教原因增加了其神秘性。但恒河水治愈疾病的案例却屡见不鲜。这其中的真正原因到现在还是一个未解之谜，科学家们正在努力探索。

恒河中祈祷的人。

猛犸家园

AOMI TIANXIA

凶猛的猛犸

猛犸与今天的大象很相像，但是，它却比今天的大象凶猛得多，成年的猛犸体形庞大，是当时平原上的霸主。

猛犸的生活习性

猛犸生活在约一万一千年前，源于非洲，夏季它们以草类和豆类为食，冬季以灌木、树皮为食，喜欢群居。

泰米尔半岛位于俄罗斯北部，半岛上分布着因冰冻和解冻不断循环而造成地面龟裂的冻原，这是一种由垄埂把沼泽和小湖分割成不规则蜂窝状的特殊地貌。在裂缝中逐渐形成的冰楔产生强大的压力，使地面凸起成垄，而解冻的泥土和融化的冰水则沿坡而下聚成湖沼。那里的冻土上长满了苔藓和草本植物，苔藓之间还夹杂着雏菊似

猛犸象的种类

最著名的猛犸象种类是真猛犸象，最大的种类可能是草原猛犸。猛犸象少数种类有长毛，多数猛犸象与现代象一样几乎无毛。

灭绝时间

最后一批猛犸象大约于公元前2000年灭绝。猛犸象的灭绝标志着第四纪冰川时代的结束。

de xiǎohuā hé nèncǎo　dǎoshangbiàn dì dōuyǒu ǎi liǔ cóng
的小花和嫩草，岛 上 遍地都有矮柳丛。

zài dòngyuánshang　rén men fā xiàn le zǎo yǐ jué zhǒng de chángmáoměng mǎ xiàng
在冻原 上 ，人们发现了早已绝 种 的 长 毛猛犸象

de gǔ gé hé cháng yá　jiāngāo　mǐ de měng mǎ xiàngcéngjīng yì zhí huóyuè zài ōu yà dà
的骨骼和 长 牙。肩高4米的猛犸象 曾经一直活跃在欧亚大

lù běi bù hé běi měizhōu dì qū　tā
陆北部和北美洲地区，它

menshēnshangyǒu yì céng kě gé hán de
们身 上 有一层可隔寒的

zhī fáng　shì yìng cǎo yuán　sēn lín
脂肪，适应草原、森林、

dòngyuán hé xuěyuánděnghuánjìng　bìng
冻原和雪原等 环境，并

yǐ qún jū wéizhǔ　měng mǎ xiàngyuē zài
以群居为主。猛犸象约在

17

一万两千年前灭绝，不少猛犸象的遗骸，包括完整的猛犸象尸体被永久地保存在这片冻土中。泰米尔半岛因被发现的猛犸骨之多而被称为"猛犸家园"。

▲猛犸洞穴。

日本圣山 之谜

AOMI TIANXIA

"玉扇倒悬东海天",富士山是日本民族最引以为傲的象征。富士山最吸引人的是它四季变换的风景和其深厚的文化底蕴。日本文人赞道:"富岳虽隐于冬雨寒露中,但仍显喜悦之情。"富士山是日本最高、最美的山,因而备受尊崇。很多人视之为众神之乡,富士山也因此成为万民神往的神圣之地。

最美的景色

美国作家希恩因喜爱富士山而加入日本国籍,他曾说富士山是"日本最美的景色"。

fù shì shān de shān pō chéng
富士山的山坡呈

jiǎo jiē jìn dì miàn shí pō dù
45°角,接近地面时坡度

jiǎnxiǎo qū yú pínghuǎn qí zhōucháng
减小,趋于平缓,其周长

dá qiān mǐ běi lù yǒu wǔ gè hú
达126千米。北麓有五个湖

pái chéng hú xíng chūntiān fán huā jǐn
排成弧形。春天,繁花锦

富士山？

富士山是日本国内的最高峰,也是世界上最大的活火山之一,目前仍处于休眠状态。由于火山口的喷发,富士山在山麓处形成了无数山洞,其中最美的富岳风穴内有着终年不化的似钟乳石的冰柱,被视为罕见的奇观。

cù yīng gē yàn wǔ qiū tiān hú pàn de bù fen yuán shǐ sēn lín xiǎnchūhuǒhóng qiū sè jì
簇,莺歌燕舞;秋天,湖畔的部分原始森林显出火红秋色,继

ér zhuǎnwéishēnqiǎn bù yī de hè sè zài hú biānguānkàn fù shì shān bié yǒu yì fān qíng
而转为深浅不一的褐色。在湖边观看富士山,别有一番情

zhì rú jìng de hú miànshangyìng chū fù
致,如镜的湖面上映出富

shì shān měi lì de dào yǐng
士山美丽的倒影。

fù shì shān de shén mì jiù zài yú tā néng gòu
富士山的神秘就在于它能够

zhì bìng　jù shuō　zhǐ yào bìng rén yì xīn xiàng
治病。据说，只要病人一心向

shàn dēng shàng fù shì shān jiù kě yǐ zhì
善，登上富士山就可以治

hǎo huò jiǎn qīng bìng tòng　fù shì shān jiū jìng
好或减轻病痛。富士山究竟

yǒu shén me shén qí de lì liàng kě yǐ yī
有什么神奇的力量可以医

zhì rén de jí bìng ne　mù qián wéi zhǐ　zhè
治人的疾病呢？目前为止，这

hái shi gè wèi jiě zhī mí
还是个未解之谜。

深埋地下的 超级大洋

●●●●● AOMI TIANXIA

nián liǎng míng měi guó kē xué jiā yē xī láo lún sī hé mài kè ěr wéi sè xùn
2007年,两名美国科学家耶西·劳伦斯和迈克尔·维瑟逊

zài duì dì qiú nèi bù shēn chù jìn xíng sǎo miáo shí jìng yì wài de zài dōng yà dì xià fā xiàn
在对地球内部深处进行扫描时,竟意外地在东亚地下发现

le yí chù hán shuǐ liàng jù dà de shuǐ kù gāi shuǐ
了一处含水量巨大的水库,该水

kù de hán shuǐ liàng kān yǔ běi bīng yáng xiāng
库的含水量堪与北冰洋相

bǐ gèng lìng rén chī jīng de shì tā de hán
比,更令人吃惊的是,它的含

▲地球板块。

水量还极有可能超过北冰洋。

对于地球深处含有如此大量水的原因,地质学家作出了这样的推断:若地幔深处的岩石真的含有水,那么最大的可能就是由于板块运动造成的。海洋板块和大陆板块始终处于相互运动的状态,在东亚一带,太平洋板块与大陆板块在运动过程中相互挤压,大陆板块很容

yì fǔ chōng dào hǎi yáng bǎn kuài yǐ xià　zhè jiù shǐ de dà liàng de hǎi shuǐ bèi dài rù dì
易俯冲到海洋板块以下,这就使得大量的海水被带入地

xià　bìng zhú jiàn shèn rù dào dì màn nèi　bú guò hěn duō kē xué jiā duì zhè yì jié lùn dōu chí
下,并逐渐渗入到地幔内。不过很多科学家对这一结论都持

fǎn duì yì jiàn　zhì jīn　duì yú dōng yà dì qū dì màn céng shì fǒu yǒu shuǐ zhè yí wèn tí réng
反对意见。至今,对于东亚地区地幔层是否有水这一问题仍

méi yǒu dá àn　tā xū yào rén men jìn xíng gèng shēn céng cì de yán jiū
没有答案,它需要人们进行更深层次的研究。

意外的发现

耶西·劳伦斯和迈克尔·维瑟逊在分析六十多万份记录地震穿过地球时产生的地震波资料后意外地发现,地震波在东亚地下出现了减弱的现象。因为水可以减慢地震波的传播速度,所以他们推断东亚地下应该存在着一个巨大的水域。

古崖居 之谜

AOMI TIANXIA

古崖居位于北京市郊延庆西北部山区的一条幽静峡谷中，是我国古代先民在陡峭的岩壁上开凿的岩居洞穴，共有117个，是我国迄今为止发现的规模最大的岩居遗址。但它的建造者在史志上并无记载。

古崖居依其开凿的石室位置可以分成前沟、后沟两个区域。前沟的南、北、东三坡凿有91处

▲延庆地区的古崖居。

<ruby>石室<rt>shí shì</rt></ruby>；<ruby>后沟东坡<rt>hòu gōu dōng pō</rt></ruby><ruby>一处<rt>yí chù</rt></ruby><ruby>凿有<rt>záo yǒu</rt></ruby>26<ruby>处<rt>chù</rt></ruby><ruby>石室<rt>shí shì</rt></ruby>。<ruby>石室<rt>shí shì</rt></ruby><ruby>或<rt>huò</rt></ruby><ruby>长方形<rt>cháng fāng xíng</rt></ruby>，<ruby>或方<rt>huò fāng</rt></ruby><ruby>形<rt>xíng</rt></ruby>，<ruby>单间<rt>dān jiān</rt></ruby><ruby>或<rt>huò</rt></ruby>2~3<ruby>室通连<rt>shì tōng lián</rt></ruby>，<ruby>还有<rt>hái yǒu</rt></ruby><ruby>典型的<rt>diǎn xíng de</rt></ruby>"<ruby>三居室<rt>sān jū shì</rt></ruby>"。<ruby>古崖居<rt>gǔ yá jū</rt></ruby><ruby>中<rt>zhōng</rt></ruby><ruby>留有<rt>liú yǒu</rt></ruby><ruby>许多<rt>xǔ duō</rt></ruby><ruby>人类<rt>rén lèi</rt></ruby><ruby>生活<rt>shēng huó</rt></ruby><ruby>的<rt>de</rt></ruby><ruby>痕迹<rt>hén jì</rt></ruby>，<ruby>如门<rt>rú mén</rt></ruby>、<ruby>窗<rt>chuāng</rt></ruby>、<ruby>壁橱<rt>bì chú</rt></ruby>、<ruby>灯台<rt>dēng tái</rt></ruby>、<ruby>石炕<rt>shí kàng</rt></ruby>、<ruby>排烟<rt>pái yān</rt></ruby><ruby>道<rt>dào</rt></ruby>、<ruby>石灶<rt>shí zào</rt></ruby><ruby>和<rt>hé</rt></ruby><ruby>马槽<rt>mǎ cáo</rt></ruby>。

<ruby>延庆古崖居<rt>yán qìng gǔ yá jū</rt></ruby><ruby>被<rt>bèi</rt></ruby><ruby>称<rt>chēng</rt></ruby><ruby>之为<rt>zhī wéi</rt></ruby>"<ruby>中华第一迷宫<rt>zhōng huá dì yī mí gōng</rt></ruby>"，<ruby>研究者<rt>yán jiū zhě</rt></ruby>

古崖居

中有的认为它是古时屯兵之所,也有
zhōng yǒu de rèn wéi tā shì gǔ shí tún bīng zhī suǒ   yě yǒu

的判断其为江湖上英雄好汉的藏
de pànduàn qí wéi jiāng hú shàng yīngxióng hǎohàn de cáng

身之地。迄今为止尚无最终定论。
shēn zhī dì   qì jīn wéi zhǐ shàng wú zuì zhōng dìng lùn

曾经生活在这里的民族早已销声
céng jīng shēng huó zài zhè lǐ de mín zú zǎo yǐ xiāo shēng

匿迹,不知魂系何方,只剩下这些石
nì jì   bù zhī hún xì hé fāng   zhǐ shèng xià zhè xiē shí

洞留给人们无数的谜题。
dòng liú gěi rén men wú shù de mí tí

延庆古崖居

延庆古崖居的建筑令人惊叹,它已被评为北京市风景名胜区,是北京市重点文物保护单位和全国青少年教育基地。

坐东向西的房间

专家们发现古崖居的房间都是坐东向西的,为什么建造者舍弃了阳坡而将房子盖在背阴处,这让人们很费解。

神秘的头骨堆 之谜

• • • • AOMI TIANXIA

▲ 出土的战国时期文物。

zài hé běi shěng yì xiàn yān xià dū yí zhǐ zhōng yǒu
在河北省易县燕下都遗址中,有

gè yuán xíng hāng tǔ dūn tái zhè xiē dūn tái gāo yuē shí
14个圆形夯土墩台,这些墩台高约十

mǐ zhí jìng dá jǐ shí mǐ kǎo gǔ rén yuán tōng guò duì bù fen
米、直径达几十米。考古人员通过对部分

dūn tái de fā jué fā xiàn qí zhōng mái zàng zhe dà liàng jù
墩台的发掘,发现其中埋葬着大量距

jīn yuē yǒu liǎng qiān duō nián de rén lèi tóu gǔ
今约有两千多年的人类头骨。

tōng guò duì zhè xiē tóu gǔ de jiàn
通过对这些头骨的鉴

dìng zhuān jiā men pàn dìng sǐ zhě duō
定,专家们判定死者多

wéi suì de nán xìng qīng zhuàng
为20~30岁的男性青壮

nián zhè pī guī mó hěn dà de kū lóu
年。这批规模很大的骷髅

shang dōu dài yǒu yí sì zhàn zhēng dài
上都带有疑似战争带

人类头骨?

人类的头骨又叫颅骨,由29块骨头组成,除了下颌骨,其他骨头之间由骨缝连接,只允许微量的运动。其中8块骨头组成脑颅,容纳并保护大脑和延髓;14块骨头组成面颅,支撑面部,形成面部轮廓;颞骨包住6块听小骨;还有1块舌骨支撑喉。

来的创伤，这在世界上是极为罕见的。

人们一直对这14个土墩中的头骨堆成因迷惑不解，专家们也是众说纷纭，莫衷一是。有专家认为这是公元前314年燕国"子之之乱"受害者的首级，当时的内乱使燕国死伤几万人，后来有人将被斩首者的头颅

▲战国时期玉璧。

埋在一起，形成了今天发现的"人头墩"。也有专家认为这些头颅是公元前284年乐毅伐齐大胜时从战场上带回的齐军首级。尽管观点不一，但有关专家一直致力于对其成因的研究，相信在不久的将来，真相一定会被揭开。

脑颅的组成

脑颅由1块枕骨，1块额骨，2块顶骨，2块颞骨，1块蝶骨和1块筛骨组成。

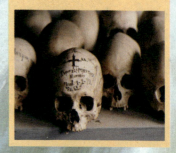

石头 生蛋

AOMI TIANXIA

shēng dàn běn shì shēng wù de yì zhǒng fán yǎn fāng
生蛋本是生物的一种繁衍方

shì rán ér rén men què zài zì rán jiè zhōng fā xiàn le shí tou shēng dàn de qí guàixiàn
式，然而人们却在自然界中发现了石头"生蛋"的奇怪现

xiàng zài zhōngguó guì zhōushěngsān dū shuǐ zú zì zhì xiànyǒu yí zuòdēnggǎnshān zài shān
象。在中国贵州省三都水族自治县有一座登赶山，在山

yāoshangyǒu yí kuàicháng èr shí duō mǐ gāo liù mǐ
腰上有一块长二十多米、高六米

de xuán yá qiào bì dà yuēměi gé nián tā
的"悬崖峭壁"，大约每隔30年，它

jiù huì zì dòng chǎnchū diào luò yì xiē shí
就会自动"产出"（掉落）一些石

dàn yīn cǐ zhèkuài shí yá bèi dāng dì rén xíngxiàng
蛋，因此这块石崖被当地人形象

◀ 石崖产出的石蛋。

31

地称为"产蛋崖"。

根据当地的岩石年代推算，五亿年前这里还是一片深海，后来经强烈的地质运动，深海中的软泥结成了泥岩，而部分岩石结成了石灰岩。经过亿万年的地质演变，它们最终都暴露于地表。不同岩石的风化速度差异很大：泥岩构成的崖壁风化速度要明显快于

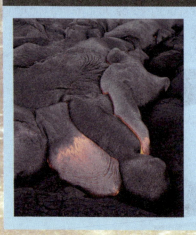

"产蛋崖"

整座登赶山上都长满了绿树杂草，唯独"产蛋崖"是裸露着的崖壁。

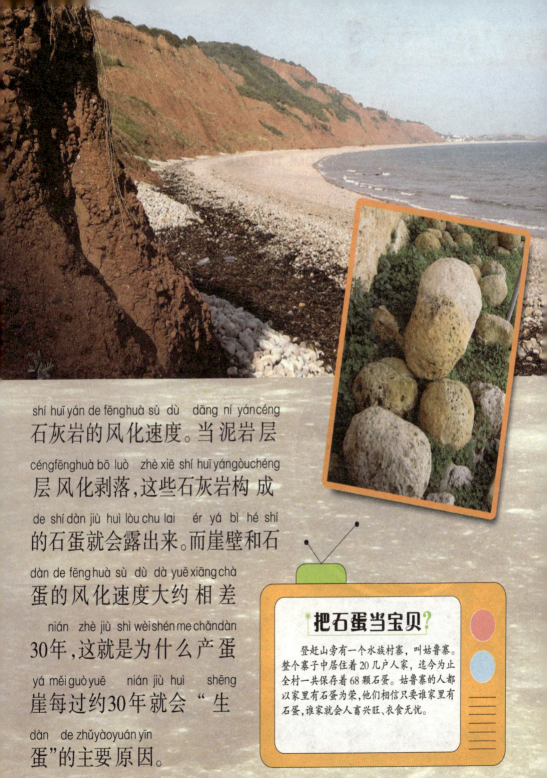

shí huī yán de fēnghuà sù dù　dāng ní yáncéng
石灰岩的风化速度。当泥岩层

céngfēnghuà bō luò　zhè xiē shí huī yángòuchéng
层风化剥落,这些石灰岩构成

de shí dàn jiù huì lòu chu lai　ér yá bì hé shí
的石蛋就会露出来。而崖壁和石

dàn de fēnghuà sù dù dà yuē xiāng chà
蛋的风化速度大约相差

nián　zhè jiù shì wèi shén me chǎndàn
30年,这就是为什么产蛋

yá měi guò yuē　nián jiù huì　　shēng
崖每过约30年就会"生

dàn　de zhǔyàoyuán yīn
蛋"的主要原因。

把石蛋当宝贝?

　　登赶山旁有一个水族村寨,叫姑鲁寨。整个寨子中居住着20几户人家,迄今为止全村一共保存着68颗石蛋。姑鲁寨的人都以家里有石蛋为荣,他们相信只要谁家里有石蛋,谁家就会人富兴旺、衣食无忧。

33

神秘的 地震云
AOMI TIANXIA

dì zhèn shì yì zhǒng néng gěi rén men de shēng chǎn hé shēng huó dài lái jù dà pò huài
地震是一种 能给人们的生 产和生 活带来巨大破坏

de dì zhì gòu zào zāi nàn dàn shí zhì jīn rì kē xué jiā hái shi bù néng zhǔn què de duì dì
的地质构造灾难。但时至今日,科学家还是不能 准确地对地

zhèn jìn xíng yù bào
震进行预报。

nián yuè rì zhàn hòu de rì
1948年6月28日,战后的日

běn nài liáng shì tiān kōng qíng lǎng shàng wǔ shí
本奈良市天空晴朗,上 午时

fēn nài liáng de tiān kōng zhōng tū rán chū xiàn
分,奈良的天空 中 突然出现

地震云特点

地震云的特点是：大风不易改变其形态，天空和云有明显界限，多出现波状。

排骨云

地震云有很多样子，其中多条出现并呈平行或者放射状的云被称为排骨云。

时间预示

地震云持续的时间越长，则对应的震中就越近。

了一条黑白混杂的蛇皮状长云，两天之后，奈良市的福井地区发生7.3级大地震！

事实上，这种极其特殊的"蛇皮怪云"就是地震云，它是预示某地将发生地震的一种常见前兆。目前，科学家已知的地震云有三种：

第一种是走向垂直于震中并飘浮在震区上空的稻草绳状或条带状云;第二种是焦点位于地震上空,由数条带状云相交在一点构成的有规律的辐射状云;第三种是像人的两排肋骨的条纹状云。面对这一事实,人们不禁要问,地壳的变化为什么会从云中反映出来呢?

目前,科学家仍在坚持不懈地深入研究这一现象,希望科学能早日给人们一个满意的答案。

热量学说

猜测地震云产生的理论有很多,其中热量学说认为,在地震即将发生时,因地热聚集于地震带,或因地震带岩石受强烈引力作用发生激烈摩擦而产生大量热量,这些热量从地表溢出,使空气增温产生上升气流,这气流于高空形成"地震云"。

CHAPTER 2 第二章

欧洲

　　欧洲不仅有令人赏心悦目的美丽风景，更有着让人心旷神怡的独特魅力：吞食汽车的沙地、令人悚然的"魔鬼"脚印、神秘消失的"谍岛"……世人的眼光都被吸引到了这里，让我们一探究竟。

流不尽的"圣水"

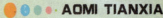
AOMI TIANXIA

zài fǎ guó yí gè míng wéi ā ěr lè de xiǎo
在法国一个名为阿尔勒的小
zhèn li yǒu yì kǒu kàn shang qu hěn pǔ tōng de shí
镇里,有一口看上去很普通的石
guān tā yǒuzhe nián de lì shǐ dà yuē yǒu
棺,它有着1 500年的历史,大约有
mǐ cháng lìng rén jīng qí de shì tā néng gòu yuán
1.93米长,令人惊奇的是它能够源
yuán bú duàn de liú chū shèng jié de qīngquán bèi rén men zūn chēng wéi shèng shuǐ
源不断地流出圣洁的清泉,被人们尊称为"圣水"。
měi nián yuè rì rén men dōu huì zài jiào táng li jǔ xíng lóng zhòng de yí shì bìng
每年7月30日,人们都会在教堂里举行隆重的仪式并
zài shí guān qián de tóng guǎn zhōng qǔ shèng shuǐ xiū dào shì men jiāng shèng shuǐ fēn
在石棺前的铜管中取"圣水"。修道士们将"圣水"分

流出圣水的石棺
是一位修道士的灵柩。

fā gěi rén men hòu rén men huì jiāng qí lǐng huí jiā
发给人们后，人们会将其领回家

bìng xiǎo xīn yì yì de shōucáng bú dào wàn bù dé
并小心翼翼地收藏，不到万不得

yǐ shí jué bù ná chu lai shǐ yòng zhè shì yīn wèi
已时绝不拿出来使用，这是因为，

zhè shèngshuǐ yǒuzhe tè bié shén qí de lì liàng
这"圣水"有着特别神奇的力量，

kě yǐ yī zhì hǎoduōzhǒng jí bìng céngyǒushuǐ lì
可以医治好多种疾病。曾有水利

zhuān jiā lái dào ā ěr lè zhèn xiǎng jiě kāi zhè
专家来到阿尔勒镇，想解开这

kǒu shí guān de shèngshuǐ zhī mí tā men duì shí
口石棺的"圣水"之谜，他们对石

棺里的"圣水"进行了鉴定，结果发现石棺里的"圣水"即使不流动，水质也依旧纯净，就好像可以自动更换一样。

圣水从哪里来，又是为何可以治病，这些都是未解开的谜，想要知道它们的答案，还需要人们不断地努力。

宗教原因

很多人认为，圣水流不尽一定和宗教有关。

圣潭的秘密

AOMI TIANXIA

在帕尔斯奇湖东南部有一处不冻的深潭,它深不见底,被人们称为"不沉湖"或"上帝的圣潭"。

19世纪,有一家姓鲍伊的印第安人迁到帕尔斯奇湖定居,他们住在深潭的附近。一天,他们乘坐木筏时遇到了飓风,鲍伊一家7口人中有5人掉进了深潭。但他们并没有下沉,好像被什么东西托住了似的。后来,有一个叫蒙罗西哥

de fǎ guó rén bù xiǎo xīn diào jìn le shēn tán　yě táo tuō le è yùn　shì hòu tā duì rén men
的法国人不小心掉进了深潭,也逃脱了厄运。事后他对人们

shuō　jiù xiàng shì shàng dì de shǒu bǎ wǒ tuō le qǐ lái　shǐ wǒ bù néng xià chén　cóng
说:"就像是上帝的手把我托了起来,使我不能下沉。"从

cǐ　rén men biàn chēng zhè ge shēn tán wéi　shàng dì de shèng tán
此,人们便称这个深潭为"上帝的圣潭"。

zhuān jiā céng duì shèng tán de shuǐ zhì jìn xíng fēn xī　fā xiàn zhè lǐ shuǐ de bǐ zhòng
专家曾对圣潭的水质进行分析,发现这里水的比重

yǔ shèng tán zhōu wéi de hú pō shèn zhì zhěng gè pà ěr sī hú shuǐ dōu méi yǒu shén me bù
与圣潭周围的湖泊甚至整个帕尔斯湖水都没有什么不

同，更让人惊奇的是，专家发现不仅人无法沉入水底，就是钢铁也不会沉下去，时至今日，在它的区域内没有一样东西沉下去过，关于圣潭的谜，至今仍无法解释。

东方不沉湖

我国山东潍坊的林海博览园中有一个东方不沉湖，因为湖水的含盐量高达15%以上，人可以躺在水面上而不会沉下去。

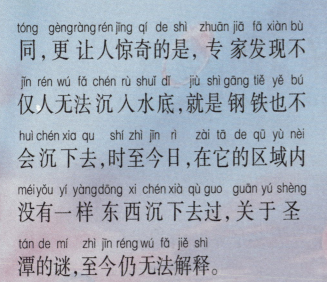

关于圣潭的猜测

专家猜测圣潭中有特异物质，会释放出使物体浮在水面的能量，但经专家检测，两种情况下的水并没有差别。

火山 浩劫

AOMI TIANXIA

1956年，雅典地震研究所的加拉诺坡罗斯教授无意中发现了这样一个现象：圣多尼亚火山爆发后遗留下来的小岛中有一个叫做西拉岛的，岛上有人经常用矿场中的火山灰制作水泥。在这个矿场的矿井底下，加拉诺坡罗斯教

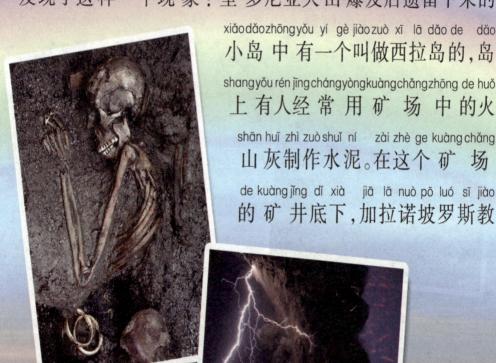

发达的文明

在圣多尼亚火山爆发时，米诺斯文明已经发展到较高水平了。

火山喷发

火山喷发时，会喷射出可见或不可见的光、电、磁、声和放射性物质。

岩浆

地壳下面的100~150千米处有一个"液态区"，区内存在着高温黏稠的熔融状硅酸盐物质，即岩浆。

shòu hái fā xiàn le shāo hēi de shí wū yí jì　wū li yǒu
授还发现了烧黑的石屋遗迹，屋里有

yì nán yì nǚ liǎng rén de yá chǐ　hái yǒu liǎng kuài bèi
一男一女两人的牙齿，还有两块被

shāo jiāo de mù tou　jīng guò kē xué jiǎn cè　sǐ zhě yīng
烧焦的木头。经过科学检测，死者应

gāi shì sǐ yú gōng yuán qián　nián qián hòu　cè liáng
该是死于公元前1400年前后。测量

shù jù biǎo míng　fù gài zài tā men shēn shang de huǒ shān
数据表明，覆盖在他们身上的火山

huī zú yǒu sān shí duō mǐ hòu　yóu cǐ kě yǐ kàn chū　nà
灰足有三十多米厚，由此可以看出，那

yě xǔ zhēn de shì yǒu shǐ yǐ lái zuì dà de yí cì huǒ
也许真的是有史以来最大的一次火

山爆发。

圣多尼亚火山爆发时产生的巨大威力，除了对地理环境的影响外，对世界文明的影响也是非常深远的。公元前15世纪末，正值鼎盛时期的米诺斯文明突然消失了。考古研究显示，米诺斯的城市全都在同一时期遭到摧毁，所有宏伟的宫殿都被彻底地毁坏了。学者们认为这正是圣多尼亚火山爆发导致的。

米诺斯文明

圣多尼亚火山位于米诺斯文明中心的边缘。米诺斯人使用的文字很复杂，会许多体育运动，他们使用的厕所是抽水式的，并且知道如何把凉风引入室内调节空气，米诺斯人还制作了许多精美的工艺品和壁画，他们的使节和商船在古代各地均有足迹。

水井之谜

1930年，瑞士日内瓦郊区的加尔吉镇发生了一起杀人毁尸案。丈夫基伦勒死了妻子凯瑟琳，然后把尸体抛弃在后院的井里。这年冬天，基伦自首，警察到他所说的水井中去打捞尸体，可井里不但没有凯瑟琳的

47

尸体，就连衣服的碎布都没有发现。基伦因此疯了，被收容在精神病院里。在基伦投案三个月后的一天，凯瑟琳的尸体出现在罗尼河的西岸。验尸的医生断定这具尸体的死亡时间大约在24小时至30小时之间。这则消息轰动了整个城市。基伦闻讯后，从医院中溜出来，回到家就投井自杀了，但警方在水井里也没有发现基伦的尸体。事隔半年后，基伦的尸体同

日内瓦 ?

这两起尸体在水井中离奇失踪的案件就发生在有"世界钟表之都"的日内瓦，日内瓦是瑞士第二大城市，位于日内瓦湖西南角，日内瓦以其多彩多姿的文化活动、令人垂涎的美食、清新的市郊风景及众多的游览项目而著称于世。

样出现在了罗尼河上，让人们吃惊不已。地质学家经勘查后猜测，基伦家的水井底部是柔软的沙子，尸体可能被沙土吸了进去，经过一段时间后才流动到罗尼河。

但为何尸体长时间浸泡在水井中却不腐烂，至今还是个谜。

"饥饿"的 沙地
AOMI TIANXIA

nián yuè rì yí liàng zài yǒu dūn zhòng huò wù de zhòng xíng kǎ chē zài
1959年5月17日,一辆载有10吨重货物的重型卡车在

lái yīn hé shàng yóu de yì tiáo lù shang xíng shǐ zhe sī jī hā yīn lì jí gǎn dào yǒu jǐ fēn
莱茵河上游的一条路上行驶着,司机哈因利吉感到有几分

kùn yì yú shì jiāng chē zi kāi jìn le mǎ lù páng biān de yí kuài kōng dì shang bìng zhǔn bèi
困意,于是将车子开进了马路旁边的一块空地上并准备

xiū xi yí xià dàn dāng chē zi shǐ jin qu de shā nà fā chū le kā kā liǎng shēng xiǎng
休息一下,但当车子驶进去的刹那,发出了"喀喀"两声响,

biàn bú dòng le zhè shí hā yīn lì jí fā xiàn chē zi yǐ xiàn rù dì li le tā kuài sù cóng
便不动了。这时哈因利吉发现车子已陷入地里了。他快速从

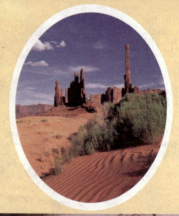

危险的沙地

    当你立于沙地之上时,你可曾想到脚下这片看似平淡无奇的沙地很可能暗藏杀机?

原因何在

    沙地究竟隐藏着怎样的秘密呢?到目前为止,专家还无法弄清楚原因何在。

tiān chuāng pá shàng kǎ chē dǐng bù
天窗爬上卡车顶部，

wǎng xià yí kàn chē shēn de yǐ
往下一看，车身的1/3已

jīng xiàn rù shā dì lǐ bian ér qiě
经陷入沙地里边，而且

hái zài jì xù xià chén hā yīn lì jí
还在继续下沉。哈因利吉

shǐ chū hún shēn xiè shù tiào xià chē yīn wèi zhuā
使出浑身解数跳下车，因为抓

dào yìng dì shang de cǎo cóng tā cái cóng shā dì
到硬地上的草丛，他才从沙地

zhōng pá le shàng lái
中爬了上来。

hā yīn lì jí jiǎo xìng dé jiù le dàn nà liàng dà kǎ chē què bèi shēn shēn de mái dào
哈因利吉侥幸得救了，但那辆大卡车却被深深地埋到

dì xià wán quán bú jiàn le
地下，完全不见了。

可怕的回忆

那次的经历对于哈因利吉来说永远都是可怕的回忆，他说车子开进那片空地后便不动了，他感到特别奇怪，因为引擎并没有停止，车轮也还在旋转，哈因利吉赶紧把油门踩到底，可车子仍然"无动于衷"，这时，他再看外面，车子已陷到了可怕的沙地中。

法兰西手印

AOMI TIANXIA

法国西南部的加加斯洞穴洞壁上的手印，也许是现存最古老的洞穴艺术品，约形成于35 000年前，由今天欧洲人直系祖先克罗马农人绘制而成。洞壁上总共有150多个模绘或手绘的印记，其中大部分都是左手手印。手印本身以及黑

◀为什么印记中大部分都是左手的呢？

52

色手印四周边框的颜色，大多是红赭色。但不论红色或黑色的手印，用手电筒或灯光照射时，都散发着神奇的光泽，因为岩画表面覆盖着一层薄而透明的石灰石。然而让考古学家疑惑不解的是洞穴壁画中的手印通常至少有两根

53

断指猜测

专家们猜测，克罗农马人切去一节或两节手指可能是一种宗教祭祀行为。

克罗马农人

远在距今3万年前，欧洲大陆上出现了寿命不长（平均寿命不超过40岁），但智慧较高的早期人类，叫做克罗马农人。

"手掌山洞"

加加斯山洞位于欧洲比利牛斯山脉，素有"手掌山洞"之称，山洞中的壁画虽历经了千年的岁月洗礼，却仍旧光彩夺目。

手指的前两节不知去向。有时四根手指均如此，然而拇指永无残缺现象。

经过仔细研究，人们发现这些手指极可能是被强行切去的，并非只是翘了起来。但是，克罗马农人的这种断指行为究竟有什么用意，至今尚无人知晓。

魔鬼的脚印

AOMI TIANXIA

1855年2月9日晚，一场大雪过后，英国的伊斯河结了厚冰，一行神秘的脚印出现在雪地上。脚印长10厘米、宽1.5厘米，相邻两只脚印相距20厘米。脚印形状完全相同，非常整齐，看过的人都说，那绝对不是鹿、牛等四脚动物的脚印。而且奇怪的是，

脚印之谜

这行神秘的脚印到底是谁留下的？

清晰的脚印

因为刚刚下过雪，所以这行奇怪的脚印显得特别清晰。

魔鬼

难道脚印真的是那些传说中的可怕魔鬼留下的？

55

那些脚印从托尼斯教区花园出现，走过平原，走过田野，翻上屋顶，越过草堆，一直往前，似乎什么都阻止不了它。人们看到这些脚印后议论纷纷，当地报纸也刊登了这一消息并刊出了脚印照片。此外，还有人带着猎狗沿着脚印去追踪，但当猎狗靠近树林时，无论主人如何命令，猎狗都

56

奇怪的脚印

人们由脚印推断，这是一只用两腿直立行走的分趾有蹄动物所留下来的。

谁的脚印

这行脚印既不是人类的也不是动物的，那究竟是谁的呢？

去向何方

脚印一直向远处延伸，到底是要去向何方呢？

不肯进入树林，只是对着树林 狂 叫不止。当地教堂神父表示，留下这 种 脚印的只能是魔鬼。

科学家当然不相信什么魔鬼，可到底是什么东西留下来的脚印呢？科学家至今没能解释清楚这件事。

人们的猜测？

发现这行神秘脚印后，村民们担心是猛兽出没，大家拿着武器到处寻找，却什么都没有找到。一位博物学家认为那些蹄印和袋鼠的蹄印有些相似，但英国并不产袋鼠，于是有人怀疑是动物园中的袋鼠跑了出来，然而动物园经核实后并没有发现有袋鼠逃脱。

神秘的 亚马孙河

AOMI TIANXIA

yà mǎ sūn hé shì shì jiè shang liú yù miàn jī zuì guǎng liú liàng zuì dà de hé liú
亚马孙河是世界上流域面积最广，流量最大的河流，

tā héng guàn nán měi zhōu liú jīng dì qiú shang zuì dà de yǔ lín qū yǒu tiáo zhī
它横贯南美洲，流经地球上最大的雨林区，有15 000条支

liú yà mǎ sūn hé liú yù yǒu fēng fù de zhí bèi zī yuán nà lǐ shēng huó zhe gè zhǒng zhēn
流。亚马孙河流域有丰富的植被资源，那里生活着各种珍

qín yì shòu shì yí gè duō cǎi de zì rán shì jiè
禽异兽，是一个多彩的自然世界。

yà mǎ sūn hé liú yù de rè dài yǔ lín miàn jī yuē wéi yìn dù guó tǔ miàn jī de
亚马孙河流域的热带雨林面积约为印度国土面积的2

bèi qí dà bàn bù fen wèi yú bā xī hǎi bá bù chāo guò mǐ zhè lǐ yǔ liàng shí fēn
倍，其大半部分位于巴西，海拔不超过200米。这里雨量十分

充沛,加上安第斯山脉冰雪消融带来的大量流水,这里每年都有数月的时间被洪水淹没。

亚马孙河流域森林是世界上最大的自然资源宝库。

1848~1895年,英国植物学家在此搜集了7 000种新的植物标本,而博物学家

亚马孙热带雨林

亚马孙热带雨林位于安第斯山以东,是世界上最大的雨林。

亚马孙平原风光。▶

yě sōu jí le jǐ qiānzhǒngcóngwèi jiànguo de kūnchóngbiāoběn
也搜集了几千种从未见过的昆虫标本。

yà mǎ sūn hé bù fen yǔ lín xiàn yǐ bèi pì wéibǎo hù qū dàn rú guǒ bú kòng zhì mù
亚马孙河部分雨林现已被辟为保护区,但如果不控制目

qián de fá lín sù dù yà mǎ sūn zhèpiànzhànquán qiú lín mù zǒngmiàn jī de guǎng dà
前的伐林速度,亚马孙这片占全球林木总面积2/3的广大

sēn lín jiāng zài shì jì
森林,将在21世纪

xiāo shī
消失。

亚马孙雨林

亚马孙雨林因为亚马孙河的流经,孕育出了大量多样化的生物,聚集了250万种昆虫,上万种植物和大约2千种鸟类和哺乳动物,生活着全世界鸟类总数的1/5。有专家估计,这里每平方千米内大约有超过75 000种的树木,15万种高等植物。

深海雪舞之谜

AOMI TIANXIA

1973年的夏天，海洋学家们驾驶"阿基米德"号深潜器缓缓地潜入洋底。当深潜器下潜到2 500米的深海时，科学家们透过观察窗，意外地发现在探照灯所照亮的水体中，有无数像陆地上的雪花一样的东西在海洋里飞舞着，异常壮观。

科学家们开动机械臂，把海水中的"雪"收进取样器中并送到实验室进行分析研究。研究的结果

表明：科学家们看到的絮状物并不是"雪"，而是海底的一些浮游生物，它们含有大量的养分，可能是深海鱼类及其他生物的最佳食物，根据它们的特征，科学家们把这种絮状漂浮物命名为浮游生物雪。科学家们还发现，"海雪"奇景并不是随时随地都会发生，它只在探照灯光照亮的区域内才会出现。

对于大洋深处飘雪的奇观，人们还只能了解其现象，而无法解释其形成的奥秘。

浮游生物雪？

通过对大量深海浮游生物雪的研究，发现形成"海雪"的物质，除浮游生物外，还有各种各样的悬浮着的颗粒，如生物尸体经过化学作用被分解成的碎屑，还有一些生物排泄的粪便等。同时，科学家们还发现，"海雪"奇景只发生在探照灯光照亮的区域内。

深海浮游生物。

谍岛 失踪之迷

AOMI TIANXIA

"谍岛"是一座面积不到500平方米的珊瑚岛，然而正是在这座不起眼的小岛上，却发生了一件令人惊奇的故事。

由于"谍岛"处于洲际航线的旁边，地理位置极为优越，所以该岛被美国中央情报局看好，并在岛上偷偷安装

"谍岛"的消失

被视为重要战略要地的"谍岛"为什么会突然从人们的视线中消失呢？

▲美国五角大楼。

▲美国海军航母编队。

了一台遥感监测器,据说这一 装 置与美国的空 中 军事间谍卫星 相连,可以使从岛 上 获得的情报直通五角大楼。经过这条洲际航线的各种 船 只和潜水艇,都无法逃过五角大楼的监控。

然而1990年夏季的一天，"谍岛"上安装的监测系统突然失灵。情报官员认为这一状况有可能是苏联间谍机破坏的，因此他们立即派遣舰队前往"谍岛"。舰队到达事发地点时，顿时被眼前的一片汪洋惊呆了。这个神秘的珊瑚岛早已杳无踪影，离奇地消失了。

人们终究也没有搞清"谍岛"失踪的真正原因。

"幽灵岛"

"谍岛"也被人们称为"幽灵岛"。据史料记载，1890年，该岛高出海面49米。1898年，它又沉没在水下7米。1967年，它再一次冒出海面。到了1968年，它又消失得无影无踪。1979年，它却又从海上长了出来。就这样，这个小岛多次出现又多次消失，变幻无常，像幽灵一样在海上时隐时现，被人们称为"幽灵岛"。

CHAPTER 3 第三章

美洲

美洲是七大洲中"绿意"最浓的一块大陆,而且美洲还有着丰富的物产、悠久的印第安文明……这些都使美洲显现出独特的魅力。

巴林杰 陨石坑
AOMI TIANXIA

我们生存的地球,仅仅是浩瀚宇宙中的一粒微尘。在亿万年的时光里,总会有许多不明天体与地球不期而遇。它们为人类研究提供了丰富的资料,同时也给人们留下了许多谜题。

美国亚利桑那州的巴林杰陨石坑是由一颗小行

xīng zhuàng jī dì qiú hòu suǒ xíng chéng de
星 撞 击地球后所形 成 的。

dāng nián rén men fā xiàn zhè piàn wā dì shí
当1871年人们发现这片洼地时，

dōu yǐ wéi tā shì tā xiàn de huǒ shān kǒu hòu lái yǒu rén zài
都以为它是塌陷的火山口。后来有人在

cǐ dì fā xiàn le suì tiě yú shì yì xiē kē xué jiā kāi
此地发现了碎铁。于是，一些科学家开

shǐ huái yí zhè piàn wā dì kě néng shì wài tài kōng wù tǐ
始怀疑这片洼地可能是外太空物体

zhuàng jī dì qiú suǒ liú xià de hén jì
撞 击地球所留下的痕迹。

fèi chéng de yí wèi cǎi kuàng gōng chéng shī bā lín
费 城 的一位采矿 工 程 师巴林

jié bó shì duì yú kēng nèi mái yǒu fù hán tiě zhì de jù dà
杰博士对于坑内埋有富含铁质的巨大

yǔn shí shēn xìn bù yí yú shì tā mǎi xià le nà kuài tǔ dì bìng zhuó shǒu jìn xíng zuān tàn
陨石深信不疑,于是他买下了那块土地,并着手进行钻探,

dàn hòu lái wú jí ér zhōng
但后来无疾而终。

shì jì nián dài rén men zài kēng li fā xiàn le kē shí yīng hé chāo shí yīng zhè
20世纪60年代,人们在坑里发现了柯石英和超石英。这

liǎng zhǒng wù zhì shì zài jí dà de yā lì hé jí gāo de wēn dù xià cái kě néng chǎn shēng chu
两种物质是在极大的压力和极高的温度下才可能产生出

lái de tā men zú yǐ zhèng míng kēng kǒu shì yóu yú jù dà zhuàng jī ér zào chéng de xiàn
来的,它们足以证明坑口是由于巨大撞击而造成的。现

zài rén men yǐ bā lín jié bó shì de míng zì lái mìng míng zhè ge yǔn
在人们以巴林杰博士的名字来命名这个陨

shí kēng yǐ cǐ lái jì niàn tā
石坑,以此来纪念他。

南极陨石坑?

科学家发现,南极大陆地区极点的附近有一个陨石坑。陨石坑的直径为240千米,深800米。科学家推测,六七十万年前,有一颗小天体在南极撞击地球,地轴方向和地球自转速度因此发生了改变。

石膏沙漠

AOMI TIANXIA

石膏是一种很普通的矿物,由于它极易溶解于水,所以在地面上非常罕见。但是在美国西南部极为干旱的地区,却存在着一片神奇的石膏沙漠。

石膏沙漠约诞生于一亿年前。当时图拉罗萨盆地是一片浅海,后来,这里的海水慢慢干涸,直至最终所有富含矿物

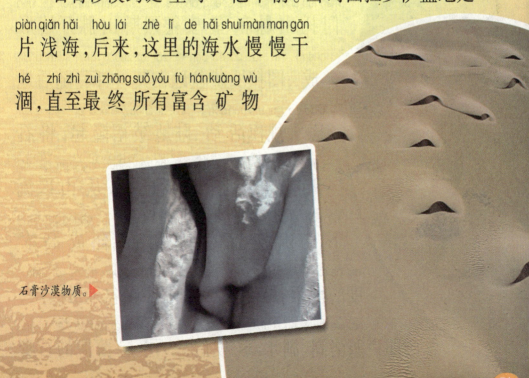

石膏沙漠物质。▶

zhì de shuǐ fèn zhēng fā diào   dì miànshang jiù zhǐ shèng xià yán hé yì
质的水分 蒸发掉,地面 上 就 只 剩下盐和一

cénghòuhòu de shí gāo   yuē liù qiān wǔ bǎiwànniánqián   sà kè lā
层厚厚的石膏。约六千五百万年前,萨克拉

mén tuō shān mài hé shèng ān dé liè sī shān mài kāi shǐ xíng
门托山脉和 圣 安德烈斯山脉开始形

chéng   tú lā luó sà pén dì zài qí zhōngjiān   suí hòu dì
成,图拉罗萨盆地在其 中 间。随后地

qiào dà guī mó huó dòng   lù dì zhòu zhě lóng qǐ   jiāng shí
壳大规模活 动,陆地皱褶隆起,将石

gāo céng tuī gāo   jì hòu yǔ hé róngshuǐcóngshān qū liú
膏层推高。季候雨和融水 从 山区流

xià   yǔ shān pō shang de shí gāo kē lì jié hé chéng gāonóng
下,与山坡 上 的石膏颗粒结合 成高浓

dù de róng yè   zuì zhōng liú dào tú lā luó sà pén dì zuì dī diǎn
度的溶液,最 终 流到图拉罗萨盆地最低点,

jí lú sāi luò hú hú shuǐzhēng fā hòu   yì céngcéngbáobáo de shí gāo
即卢塞洛湖。湖水 蒸 发后,一 层 层薄薄的石膏

石膏

石膏是单斜晶系矿物，主要化学成分是硫酸钙。石膏是一种用途广泛的工业材料和建筑材料，可做水泥缓凝剂。石膏还可用于医疗，硫酸生产，是制作纸张和油漆的填料。除此之外，石膏还可制成模型，供人观赏。

tòu míng jīng tǐ liú le xià lái zhè xiē jīng tǐ zài fēng huà de zuò yòng xià jiàn jiàn biàn wéi
透明晶体留了下来。这些晶体在风化的作用下渐渐变为

xì shā
细沙。

shí gāo shì yì zhǒng cháng jiàn kuàng wù yīn qí
石膏是一种常见矿物，因其

shuǐ róng xìng hěn hǎo dì miàn shang nán mì zōng yǐng ér
水溶性很好，地面上难觅踪影。而

měi guó xī nán bù zhèng qiǎo jí qí gān hàn shǐ zhè piàn
美国西南部正巧极其干旱，使这片

shí gāo shā mò jù yǒu cún zài de kě néng xìng
石膏沙漠具有存在的可能性。

神奇的 石彩虹

AOMI TIANXIA

léi yǔ guò hòu tiān kōng zhōng de dào dào cǎi hóng yì cháng měi lì   dàn yǒu shéi huì
雷雨过后，天空中的道道彩虹异常美丽，但有谁会

xiāng xìn jiān yìng de shí tou yě kě yǐ chuàng zào chū tóng yàng de xuàn lì jǐng sè   shì zào wù
相信，坚硬的石头也可以创造出同样的绚丽景色。是造物

zhǔ de ēn cì   hái shi dà zì rán de shén lái zhī bǐ
主的恩赐，还是大自然的神来之笔？

zài měi guó yóu tā zhōu nán bù   jiù yǒu yí gè   shí cǎi hóng de gù shi   shí cǎi
在美国犹他州南部，就有一个"石彩虹"的故事。"石彩

hóng shì yìn dì ān rén de shèng dì   yě shì shì jiè yí dà qí guān nà shì yí zuò měi lì
虹"是印第安人的圣地，也是世界一大奇观。那是一座美丽

de shí gǒng xíng zhuàng hé yán sè dōu kù sì tiān shàng
的石拱，形 状 和颜色都酷似天 上

de cǎi hóng dàn shì yóu yú dào dá nà lǐ de wéi yī tōng
的彩虹。但是由于到达那里的唯一通

lù jiān xiǎn nán xún yīn cǐ hěn shǎo yǒu rén qīn yǎn jiàn
路艰险难寻，因此很少有人亲眼见

dào guo shí cǎi hóng
到过"石彩虹"。

nián yǒu sān míng bái rén lái dào zhè lǐ yì
1909年有三名白人来到这里，一

xīn xiǎng yào kàn kan zhè ge tiān rán qí guān dāng tā men
心 想 要看看这个天然奇观。当他们

zhōng yú kàn jiàn cǎi hóng qiáo de shí hou tā men dōu jīng
终 于看见彩虹桥的时候，他们都惊

dāi le zhè zuò tiān rán shí qiáo cóng xíng zhuàng dào yán
呆了。这座天然石桥，从 形 状 到颜

sè dōu hé zhēn zhèng de cǎi hóng shí fēn xiāng sì wàn lǐ
色都和真 正 的彩虹十分 相 似。万里

待解之谜

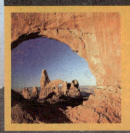

壮丽的石彩虹不仅带给人们美的享受，同时，也给人们留下了许多待解之谜。

wú yún de lán tiān xià   fěn hóng sè shāyán tòu zhedàn
无云的蓝天下,粉红色砂岩透着淡

dàn de àn zǐ sè   ér zài wǔ hòu shí qiáo zé bèi
淡的暗紫色,而在午后石桥则被

diǎn rǎn chéng chì hè sè hé jīn zōng sè   cǎi hóng
点染成赤褐色和金棕色。彩虹

qiáo shuò dà xióng wěi   zào xíng měi guān   shì shì jiè
桥硕大雄伟,造型美观,是世界

shang zuì zhuàngguān de tiān rán qí jǐng zhī yī
上最壮观的天然奇景之一。

nián   cǎi hóngqiáo bèi měiguózhèng fǔ   liè wéi guó jiā míngshèng   zhè zhǒngshén
1910年,彩虹桥被美国政府列为国家名胜。这种神

qí de měihǎojǐngguān sì hū yǒu xǐ dí rén xīn líng de shén qí mó lì
奇的美好景观似乎有洗涤人心灵的神奇魔力。

令人赞叹

石头竟然能变幻出像彩虹一样美丽的颜色,这不禁令人感到赞叹。

太阳门。

太阳门 之谜
AOMI TIANXIA

nán měi zhōu de dì yà wǎ nà kē gǔ chéng yì jīng fā xiàn
南美洲的蒂亚瓦纳科古城一经发现

hòu biàn wén míng yú shì shén mì de gǔ chéng dài gěi rén men wú
后便闻名于世，神秘的古城带给人们无

shù de mí tuán wéi rào gǔ chéng kē xué jiè chǎn shēng le yí xì
数的谜团。围绕古城科学界产生了一系

liè de zhēng yì ér tài yáng mén zuò wéi gǔ chéng de dài
列的争议。而太阳门作为古城的代

biǎo jiù gèng jiā xiǎn de shén mì mò cè
表就更加显得神秘莫测。

tài yáng mén yóu yí kuài wán zhěng de jù xíng yán shí
太阳门由一块完整的巨型岩石

77

凿成。每年9月21日，黎明的第一束阳光总是从石门的中间射向大地，因此石门得名"太阳门"。

大多数学者认为太阳门是宗教建筑。不过有的历史学家则认为蒂亚瓦纳科是当时举行宗教仪式的中心场所，而太阳门是卡拉萨萨亚庭院的大门。也有的学者认为这里不是宗教活动场所，而只是一个大型文化、商业中心。还有人将蒂亚瓦纳科说成是某一时期外星人在地球上建造的一座

太阳门 ?

　　太阳门高3.05米，宽3.96米。太阳门的中央有一个门洞，门楣中央刻有一个人形的浮雕，展现出一个深奥而复杂的神话世界。太阳门曾是蒂亚瓦纳科古城的代表，但其被发现时已残碎不堪，1908年经过整修后，太阳门已恢复旧貌。

chéng shì
城市。

　　suī rán sì bǎi duō nián lái　　rén men duì dì yà wǎ
　　虽然四百多年来，人们对蒂亚瓦

nà kē wén huà hé duì tài yáng mén de rèn shi cóng lái jiù
纳科文化和对太阳门的认识从来就

méi yǒu dá chéng guo tǒng yī　　dàn shì wǒ men yǒu lǐ yóu
没有达成过统一，但是我们有理由

xiāng xìn　　suí zhe kē xué de fā zhǎn hé rén lèi duì shǐ qián wén
相信，随着科学的发展和人类对史前文

míng de tàn suǒ bú duàn zēng qiáng　zhēn xiàng zǎo wǎn huì fú chū shuǐ miàn
明的探索不断增强，真相早晚会浮出水面。

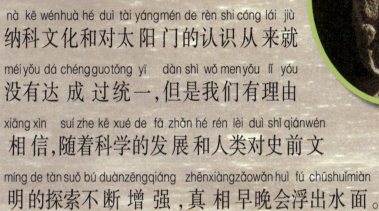

● 蒂亚瓦纳科遗址。

会干涸的 伊瓜苏瀑布

●●●● · AOMI TIANXIA

伊瓜苏瀑布是世界上最宽的瀑布,同时也是世界五大瀑布之一。它以异常壮丽的自然景观吸引了无数游客,但气势磅礴的伊瓜苏瀑布大约每四十年就会干涸一次,这是一种巧合,还是某种神秘力量的作用呢?

简介

伊瓜苏瀑布位于巴西与阿根廷的接壤处，其宽度约为尼亚加拉瀑布的4倍，高度比尼亚加拉瀑布高出30米。这些瀑布一字排开，直泻80米之下的魔鬼咽喉峡。峡口岩石上飞溅起团团白雾，展现出道道彩虹，瀑布的轰鸣声在20千米以外也能听到。

形成原因

巴西和阿根廷的交界处有一条河，叫伊瓜苏河。伊瓜苏河自北向南被两国分隔，又拐90°的弯向东流去，由于河流与东边的地势毫无连续性，于是形成了马蹄状的伊瓜苏大瀑布。

伊瓜苏瀑布由约275个小瀑布组成，瀑布之间是长满树木的岩石小岛。瀑布从坚硬的火山岩间流过，这些岩石不易被侵蚀，经得起水流的冲刷，这就迫使水流在岩石间狭窄的水道通过，构成了一个个小瀑布。小瀑布泻到谷底后，重新汇成汹涌的急流，继续向南奔腾。

每年的11月至次年3月是雨季，瀑布倾入魔鬼咽喉峡的

魔鬼咽喉峡

魔鬼咽喉峡是伊瓜苏瀑布的中心，位于瀑布的顶部，其水流最大、最猛。巴西与阿根廷就以魔鬼咽喉峡为界。

世界五大瀑布

世界五大瀑布分别是非洲的维多利亚瀑布和奥赫拉比斯瀑布，北美洲的尼亚加拉瀑布，南美洲的伊瓜苏瀑布和安赫尔瀑布。

shuǐ liàng jiào dà ér yuè zhì yuè shì hàn jì měi
水量较大，而4月至10月是旱季，每

miǎo de xiè rù shuǐ liàng jiào xiǎo yīn cǐ dà yuē měi sì
秒的泄入水量较小。因此，大约每四

shí nián yī guā sū pù bù jiù huì chū xiàn yí cì wán
十年，伊瓜苏瀑布就会出现一次完

quán gān hé de qíngkuàng dàn shì yī guā sū pù bù dìng
全干涸的情况，但是伊瓜苏瀑布定

qī gān hé de yuán yīn què wú rén zhī xiǎo
期干涸的原因却无人知晓。

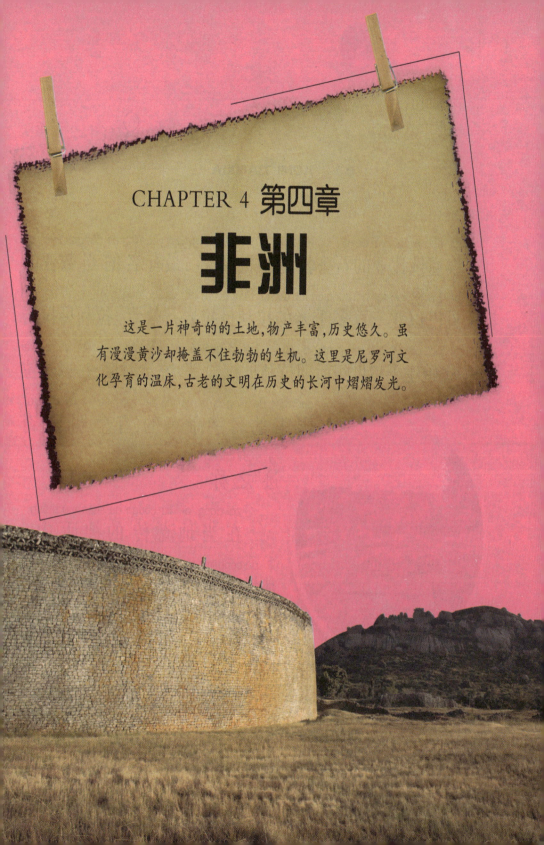

CHAPTER 4 第四章

非洲

　　这是一片神奇的的土地,物产丰富,历史悠久。虽有漫漫黄沙却掩盖不住勃勃的生机。这里是尼罗河文化孕育的温床,古老的文明在历史的长河中熠熠发光。

石头教堂之谜
AOMI TIANXIA

埃塞俄比亚的石头教堂举世闻名,最有名的当数亚的斯亚贝巴以北三百多千米的拉利贝拉岩石教堂。拉利贝拉岩石教堂始建于12世纪后期拉利贝拉国王统治时期,是以这位国王的名字命名的,有着"非洲奇迹"之称。

在当地流传的神话中,基督曾经在拉利贝拉国王的梦中揭示了天使会帮助石匠工

非凡产物

拉利贝拉教堂是12、13世纪基督教文明在埃塞俄比亚的非凡产物。

构成

拉利贝拉岩石教堂由11座基督教堂构成。

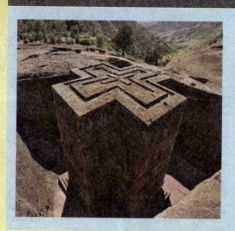

拉利贝拉岩石教堂

拉利贝拉岩石教堂依傍着拉斯塔山脉的最高峰。1978年,拉利贝拉因为符合世界遗产名录标准而被列为世界自然遗产。

作,这使拉利贝拉萌生了建造圣城的计划。许多专家学者相信,神话传说固然不可尽信,但当地的石匠在修建教堂时很可能是受到来自亚历山大港、耶路撒冷的石匠和雕刻师的指导。

现在的拉利贝拉已经成为一个旅游胜地,游客络绎不绝。但教堂神秘的气息却并没有减弱,因为人们一直在不停

建筑风格

拉利贝拉岩石教堂大体上采用了拜占庭教堂的布局风格。

令人惊叹

拉利贝拉教堂由整块巨石雕凿而成,其雄伟和壮丽令人惊叹。

地猜想，到底是什么原因促使那位国王作出在那个时代、那个地方进行这么一个庞大的工程的决定呢？我们已经无从考证。

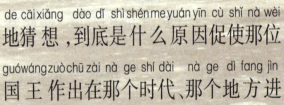

巧夺天工

拉利贝拉岩石教堂显示了石匠高超的雕刻技巧。有人曾经作过粗略的统计，拉利贝拉岩石教堂的建成，至少需要凿出10万立方米的石头。每座教堂都是一件独特的艺术品，从恢弘大气的支柱到精致的窗花，都是在岩石上精心雕刻的成果。

博苏姆推湖 成因之谜

AOMI TIANXIA

fēi zhōu de bó sū mǔ tuī hú yǒu zhe qí tè de wàixíng kànshang qu xiàng shì rén wéi
非洲的博苏姆推湖有着奇特的外形,看上去像是人为

jīng xīn dǎ mó ér chéng hú biānméiyǒu rèn hé tū chū hé āo xiàn zhī chù yuánhuá wú bǐ
精心打磨而成。湖边没有任何凸出和凹陷之处,圆滑无比。

rán ér zhè ge nèi lù hú pō de xíngchéngyuán yīn hòurén què bù dé ér zhī
然而这个内陆湖泊的形成原因,后人却不得而知。

zhěng gè hú chéngyuánzhuīxíng duì yú zhè ge shì jiè hǎnjiàn de yuánzhuīxíng hú pō
整个湖呈圆锥形,对于这个世界罕见的圆锥形湖泊

de chéng yīn zhòng shuō fēn yún mò zhōng
的成因众说纷纭，莫衷

yí shì rén men bǐ jiào róng yì xiǎng dào
一是。人们比较容易想到

de shì yǔn shí zhuì dì bào zhà suǒ zhì huò
的是陨石坠地爆炸所致，或

shì yóu yú huǒ shān pēn fā liú xià de yí
是由于火山喷发留下的一

gè huǒ shān kǒu hú dàn shì dì zhì xué jiā
个火山口湖。但是地质学家

tōng guò duì ā sàn dì dì qū de diào chá
通过对阿散蒂地区的调查，

bìng méi yǒu fā xiàn zhè yí dì qū yǒu yǔn
并没有发现这一地区有陨

shí zhuì dì bào zhà de jì xiàng yě
石坠地爆炸的迹象，也

méi yǒu fā xiàn zhè yí dì qū zài dì
没有发现这一地区在地

zhì shǐ shang yǒu guo huǒ shān huó dòng de
质史上有过火山活动的

jì lù
记录。

lìng yǒu yì zhǒng tuī cè rèn wéi
另有一种推测认为，

神明之地

人们认为博苏姆推湖地区是个神明之地，认为这里是死者的灵魂向上帝告别的地方。

博苏姆推湖是人工挖掘的。可是，在直径达700米的大圆上挖掘而看不出凸边或凹边，这是人力所办不到的。而且，挖掘出几亿立方米土石造湖又是出于何种目的呢？对此没有人能给出有说服力的答案。

直到现在，博苏姆推湖的成因依旧是一个未解之谜。

内 陆 湖

内陆湖是指处于河流下游或形成独立的集水区域，湖水均不外泄入海的湖泊。一般内陆湖所处的地区远离海洋，气候干燥。

博苏姆推湖

博苏姆推湖位于非洲加纳的阿散蒂地区，是加纳唯一的内陆湖。湖的周围被浓密的雨林环绕，气候终年炎热。

赤道雪峰——乞力马扎罗山

●●●● AOMI TIANXIA

　　乞力马扎罗山享有"非洲屋脊"的美誉，由于它地处赤道附近，山顶却终年积雪，所以又以"赤道雪峰"闻名于世。

　　从印度洋吹来的东风到达乞力马扎罗山后，遇到陡立的山壁的阻挡向山上攀升，气流里的水分在不同的高度会转化为雨水或霜雪，因此铺满山

峰的冰雪很少是源自山顶的
云,而是来自山下水汽上升
形成的霜雪。所以山上的
几个植被带与周围平原的热
带稀树草原虽处在相同纬度却类型迥异。

人们被这座处于赤道附近却终年积雪的山峰所吸引,
每年来到乞力马扎罗山的游
客有上万人。

乞力马扎罗山?

乞力马扎罗山地处东非坦桑尼亚境内,
海拔5 892米,是非洲最高的山脉。同时,它
也是一座活火山。在乞力马扎罗山国家公园
和周围地区,生活着许许多多的哺乳动物,
其中还有一些濒临灭绝的种类。

大津巴布韦奇观

AOMI TIANXIA

dà jīn bā bù wéi shì fēi zhōu dà lù shang yí dà wénmíng qí guān lái dàozhè lǐ
"大津巴布韦"是非洲大陆上一大文明奇观。来到这里

cānguān de rén dōu wèi tā jīng qiǎo de jié gòu hé hóng dà de guī mó ér gǎn tàn zuò wéi gǔ
参观的人都为它精巧的结构和宏大的规模而感叹。作为古

dài fēi zhōuwénmíng de jiànzhèng zhè lǐ yǒuzhe xǔ duō mí tuándǐng dài hòu rén pò jiě
代非洲文明的见证,这里有着许多谜团等待后人破解。

wèi yú fēi zhōu dà lù nánduān de jīn bā bù wéigòng hé guó yǐ shèngchǎn zǔ mǔ lǜ
位于非洲大陆南端的津巴布韦共和国以盛产祖母绿

ér wénmíng rán ér zuì ràng jīn bā bù wéi rén mín jiāo ào
而闻名,然而最让津巴布韦人民骄傲

用料

　　建造这座石城使用的材料是坚硬的花岗岩。

地位

津巴布韦国徽的下半部分是"石头城"的图案，足以看出"石头城"在津巴布韦人心中的地位。

最早的人类迹象

通过对一些文物的鉴定，证明"卫城"中最早的人类迹象始于公元2或公元3世纪。

赞叹不已

津巴布韦遗址巧夺天工的技艺令人们赞叹不已。

的不是富饶的物产，而是他们国名的由来之地——大津巴布韦遗址。

在修那人的语言中，津巴布韦意为"石头造的房子"，被称为石城。石城中有一座位于山顶的石砌围城可以俯瞰全城，有人称之为"卫城"。不过这样的称呼并不确切，因为后来有人考证认为，"卫城"并不

是用于防卫的，而是一组贵族所居的宫室，也有人认为"卫城"是用来观赏风景的。

历史学家通过研究该地的古今地理特征发现，当地居民大约在16世纪初将此地的资源消耗殆尽，于是发生了大规模的迁移。这也许是"卫城"如今成为废城的原因。

历史悠久

对于石城的历史，有人试图从《圣经》中找到答案。3 000 年前，非洲有一个黄金贸易非常发达的地方。综合起来看，津巴布韦的这座石城很可能是当时黄金贸易的副产物。也有人说，津巴布韦可能是所罗门王宝藏的藏匿处。

CHAPTER 5 第五章
大洋洲

在世界上的七大洲中，大洋洲是很有特色的一个。由于大洋洲很早就与大陆分离，独自漂泊在大洋之中，所以从其文化到生物物种都有许多独特之处。

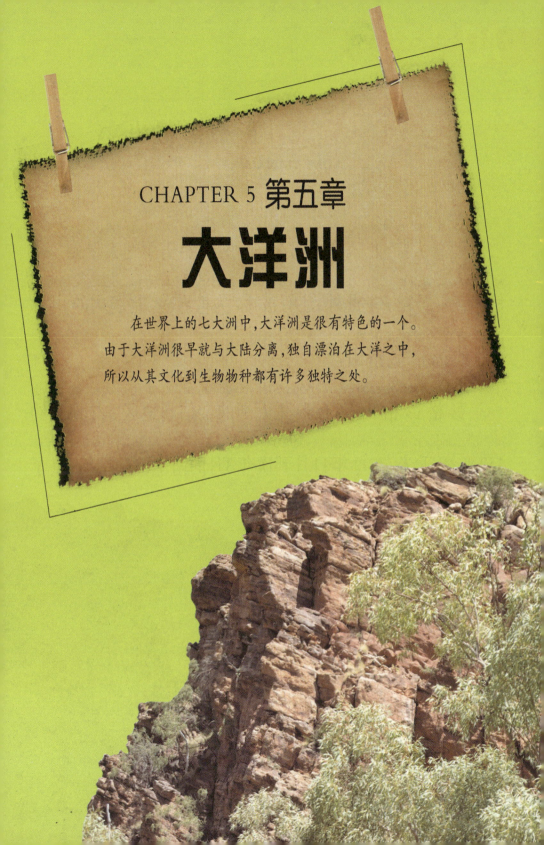

脆弱的 彭格彭格山

AOMI TIANXIA

澳洲大陆上有着无数的神秘地域：美丽的大堡礁、雄伟的艾尔斯岩……此外，还有被称为世界上最脆弱的山脉之一的彭格彭格山。

彭格彭格山位于渺无人烟的金伯利地区，占地大约450平方千米。在每年11月到次年3月的雨季，翠绿装点了

zhěng zuò shān mài   yǒu xiē bái yǐ zài yuán dǐng shān qiū cè

整 座 山 脉。有 些 白 蚁 在 圆 顶 山 丘 侧

miàn zhù yǐ cháo   yǐ cháo gāo   mǐ yǔ yuán dǐng shān

面 筑 蚁 巢,蚁 巢 高5.5米,与 圆 顶 山

qiū yí yàng kān chēng qí guān

丘 一 样 堪 称 奇 观。

yì nián qián   péng gé péng gé shān běi biān de

4亿 年 前,彭 格 彭 格 山 北 边 的

shān mài bèi shuǐ yán zhòng chōng shí   zài zhè yí dài xíng

山 脉 被 水 严 重 冲 蚀。在 这 一 带 形

chéng dà piàn de chén jī céng   jiào ruǎn de chén jī yán bèi

成 大 片 的 沉 积 层,较 软 的 沉 积 岩 被

shuǐ liú chōng shuā chū xǔ duō gōu cáo   xī gǔ   zhè xiē gōu

水 流 冲 刷 出 许 多 沟 槽、溪 谷。这 些 沟

cáo   xī gǔ cháng qī shòu fēng yǔ qīn shí ér zhú jiàn biàn

槽、溪 谷 长 期 受 风 雨 侵 蚀 而 逐 渐 变

shēn   zuì zhōng xíng chéng yí zuò zuò fēn kāi de shān qiū

深,最 终 形 成 一 座 座 分 开 的 山 丘。

dà bù fen de yuán dǐng shān qiū dōu fēn bù zài dì

大 部 分 的 圆 顶 山 丘 都 分 布 在 地

kuài de dōng nán fāng   mǐ gāo de qiào bì hé chōng shí

块 的 东 南 方。250米 高 的 峭 壁 和 冲 蚀

ér chéng de shēn gǔ zé wèi yú xī běi fāng wán
而 成 的 深 谷 则 位 于 西 北 方。顽

qiáng de zhí wù zài gǔ zhōng zì yì shēng zhǎng
强 的 植 物 在 谷 中 恣 意 生 长,

shēng gēn zài qiào bì yán fèng zhōng xíng chéng fēng
生 根 在 峭 壁 岩 缝 中,形 成 风

gé qí yì de kōng zhōng huā yuán
格 奇 异 的 空 中 花 园。

nián zhè lǐ bèi kāi pì wéi guó jiā gōng
1987年,这 里 被 开 辟 为 国 家 公

yuán yóu dāng dì de tǔ zhù rén fù zé guǎn lǐ
园,由 当 地 的 土 著 人 负 责 管 理。

沉积岩 ?

　　沉积岩又被称为水成岩,它与岩浆岩和变质岩共同组成了地球岩石圈的主要岩石。它是其他的岩石和一些火山喷发物,经过水流或冰川的搬运、沉积等作用而形成的。沉积岩主要包括石灰岩、砂岩、页岩等。

双重遗产——卡卡杜国家公园

卡卡杜国家公园位于澳大利亚北部地区首府达尔文市以东200千米处，面积为19 804平方千米。这里的自然风光因地而异，随季节而变。

卡卡杜国家公园是以澳大利亚土著卡卡杜族的名字命名的，公园的大部分土地归土著人所有，他们在这里至少居住了

卡卡杜岩画。▶

99

wànnián ànzhào tā men de chuánshuō kǎ kǎ dù huāngyuán jí zhè lǐ de fēngjǐngdōu shì
4万年。按照他们的传说,卡卡杜荒原及这里的风景都是

yóu tā men de zǔ xiānchuàngzào de
由他们的祖先创造的。

kǎ kǎ dù guó jiā gōngyuán de xuán yá shàngyǒu xǔ duōyándòng lǐ miànyǒu zài shì
卡卡杜国家公园的悬崖上有许多岩洞,里面有在世

jiè shàngxiǎngyǒushèng yù de yán shí bì huà mù
界上享有盛誉的岩石壁画,目

qián yǐ fā xiànyǒu chù qí zhōng zuì zǎo de
前已发现有1 000处,其中最早的

wéi niánqián de tǔ zhùyán shí bì huà
为18 000年前的土著岩石壁画。

kǎ kǎ dù gōngyuán nèi zhí wù lèi xíngchāo
卡卡杜公园内植物类型超

guò   zhǒng   zuì jìn de yán jiū biǎo míng   gōng yuán nèi dà yuē yǒu   zhǒng zhí wù jù
过1 600 种 , 最近的研究表明, 公园内大约有58 种 植物具

yǒu zhòng yào de bǎo hù jià zhí   zhè lǐ de niǎo lèi yě zhǒng lèi fán duō   dà yuē yǒu
有 重 要的保护价值。这里的鸟类也 种 类繁多, 大约有280

zhǒng yǐ shàng de niǎo lèi zài zhè lǐ jù jū fán yǎn
种 以上 的鸟类在这里聚居繁衍。

kǎ kǎ dù bù jǐn shì ào dà lì yà zuì dà de guó jiā gōng yuán   tóng shí hái bèi lián hé
卡卡杜不仅是澳大利亚最大的国家公 园 , 同时还被联合

guó liè wéi wén huà yǔ zì rán de shuāng chóng
国列为文化与自然的 双 重

yí chǎn
遗产。

基本介绍?

卡卡杜国家公园十分迷人, 这里是澳大利亚考古学和人类学唯一保存完好的地方, 这里的壁画和考古遗址完整地再现了原始部落在这里生活的场景。这里的生物物种也十分多样, 著名的咸水鳄就生活在这里。

地球最美的装饰品

——大堡礁

● ● ● ● · **AOMI TIANXIA** ——————————

dà bǎo jiāo shì shì jiè shang zuì dà de shān hú jiāo qū　shì shì jiè qī dà zì rán jǐng
大堡礁是世界 上 最大的 珊 瑚 礁区,是世界七大自然景

guān zhī yī　jǐ qiān zhǒng shān hú　yú lèi hé qí tā de hǎi yáng shēng wù jiāng cǐ dì zuò
观之一,几千 种 珊瑚、鱼类和其他的海洋 生 物将此地作

wéi tā men jiāo ào de wáng guó dàn shì　dà bǎo jiāo shì rú hé xíng chéng de ne
为它们骄傲的 王 国。但是,大堡礁是如何形 成 的呢?

bù kě sī yì de shì　yíng zào rú cǐ páng dà gōng
不可思议的是,营造如此 庞大"工

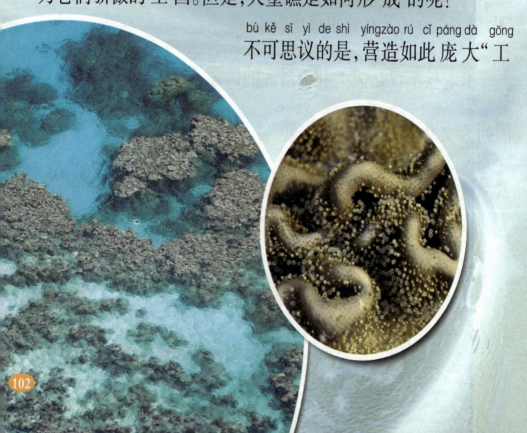

▲ 大堡礁又被称为"透明清澈的海中野生王国"。

chéng de jiànzhù shī jìng rán shì zhí jìng zhǐ yǒu jǐ háo
程 "的"建筑师"竟然是直径只有几毫

mǐ de shān hú chóng
米的珊瑚虫。

shān hú jiāo dōu shì yóu dǐ jī hé biǎocéngliǎng bù
珊瑚礁都是由底基和表层两部

fen zǔ chéng qí dǐ jī shì yóu sǐ shān hú chóng de gǔ
分组成,其底基是由死珊瑚虫的骨

gé chén jī ér chéng biǎo céng shì yóu huó zhe de shān
骼沉积而成,表层是由活着的珊

hú chóng gòu chéng de shān hú chóng huì cóng shān hú
瑚虫构成的。珊瑚虫会从珊瑚

jiāo de liè fèng huò zhě xiǎo kǒngzhōngzuānchū lái mì shí
礁的裂缝或者小孔中钻出来觅食。

mǒu xiē chūn jì de yè wǎn dà bǎo jiāo huì chū
某些春季的夜晚,大堡礁会出

大堡礁的组成

大堡礁绵延于澳大利亚东北岸的大陆架上,它是由3 000多个不同生长阶段的珊瑚小岛、珊瑚礁、伪湖和沙洲组成的。

大堡礁的经济价值

大保礁至今有2 500万年的历史,并且面积还在不断扩大。它是澳大利亚人最引以为豪的天然景观,旅游业十分发达。

现非常壮观的奇景。在不知

名的诱因下，所有的珊瑚虫会

一起呈现出鲜艳的颜色，然后会

释放出卵子和精子，幼珊瑚虫

便产生了。它们随着潮汐四处

游动，寻找适合自己的环境，建

造新的珊瑚礁。

大堡礁堪称地球上

最美的"装饰品"，它像

一颗闪着天蓝、靛蓝、蔚蓝

和纯白色光芒的明珠，

即使在月球上远望也

清晰可见。

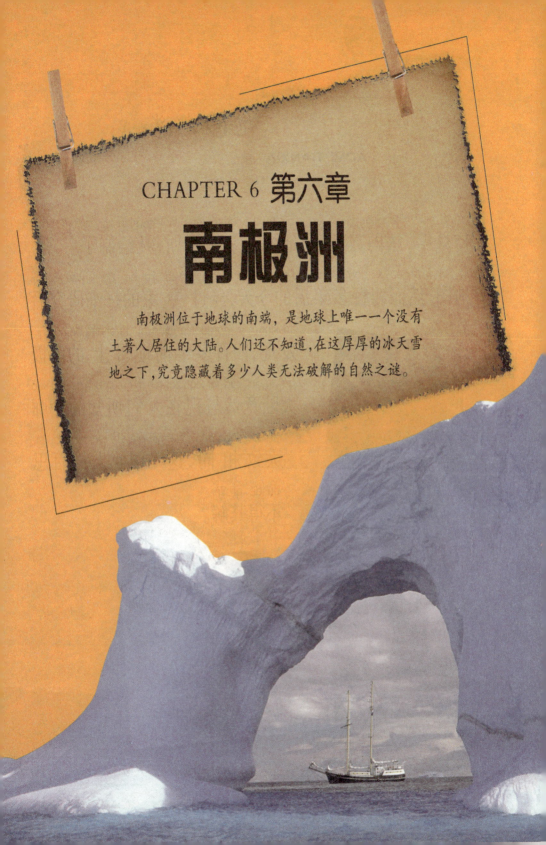

CHAPTER 6 第六章
南极洲

　　南极洲位于地球的南端，是地球上唯一一个没有土著人居住的大陆。人们还不知道，在这厚厚的冰天雪地之下，究竟隐藏着多少人类无法破解的自然之谜。

南极洲 地图之谜

· AOMI TIANXIA

1531年，法国数学家、地图学家阿郎斯·凡绘制了一张世界地图。然而四百多年后的今天，经过专家的仔细研究后发现，四百多年前地图上的南极大陆竟然与现在人们所知的轮廓大致相同，这一切使人们百思不得其解。

猜测

人们猜测，阿郎斯·凡绘制的地图是根据古代流传下来的资料或地图绘制而成的。

nián rén men shǒu cì fā xiàn nán jí dà lù
1820年，人们首次发现南极大陆，

qí fā xiàn zhě shì yí wèi é guó háng hǎi jiā dàn duì nán
其发现者是一位俄国航海家，但对南

jí dà lù jìn xíng cè huì què shì jìn dài cái kāi shǐ de nà
极大陆进行测绘却是近代才开始的。那

me ā láng sī fán wèi shén me zài nián jiù duì nán
么，阿郎斯·凡为什么在1531年就对南

jí dà lù rú cǐ liǎo jiě ne
极大陆如此了解呢？

chú le ā láng sī fán de dì tú wài zhuān jiā
除了阿郎斯·凡的地图外，专家

men hái fā xiàn le yì zhāng huì zhì yú nián de shì
们还发现了一张绘制于1502年的世

疑问

在如此遥远的年代，是什么人通过何种方法到达南极，又用了什么手段绘制出如此精确的地图呢？

流传

随着历史的不断发展，这些地图被古代那些伟大的航海民族流传下来。

界海图，图上的非洲撒哈拉大沙漠变成了肥沃的大地，现代科技证明远古时代的撒哈拉的确如地图上所绘。

科学家们推测这些地图可能是依据精密的测量仪器从高空拍摄的照片绘制而成的。那么，四千多年前的地球上是否有一个技术精湛、且未被人知晓的神秘文明呢？

存在差异？

如今的南极大陆被皑皑白雪覆盖，完全没有河流和海湾的痕迹。但人们在阿郎斯·凡绘制的地图上标示河流海湾的位置发现了冰层之下的冰河。经专家推断，在距今6 000至15 000年前，南极大陆还未被冰雪覆盖。

南极"绿洲"之谜

神奇的南极大陆上 充 满了神秘,在被冰雪覆盖的土地上 却点缀了一些"绿洲",而在这里还有着许多奇怪的现象。

南极"绿洲"并不是人们 常见的植物茂 盛 生 长之地,而是那些没有冰雪覆盖的地方,也被 称 为"无雪干谷"。

神奇的"绿洲"

神奇的"绿洲"吸引着无数的科学家,但没有人能解开"绿洲"之谜。但科学家们相信,在不断的探索下,谜一般的"绿洲"会显现出其真面目。

"绿洲"说法的由来

由于南极考察人员长年累月在冰天雪地的白色世界里生活、工作,因而当他们发现没有被冰雪覆盖的地方时,自然倍感亲切,于是便将这些地方称为南极洲的"绿洲"。

"无雪干谷"中不但没有冰雪，连降水都很少。裸露的岩石和一堆堆海豹等各种海兽的骨骸在这里随处可见。可是，习惯于在海岸旁边生活的海豹等海兽为什么会违背生活习性来到这里生活呢？

一些科学家认为，这些海豹是因为在海岸上迷失了方向才来到这里的；也有一些科学家认为，这些海豹跑到"无雪

▲ 新西兰亚南极区群岛风光。

"干谷"地区是来自杀的，可是并没有合理的证据能够证明这一观点；还有一些科学家认为，这些海豹可能是受到惊吓或受到驱赶而来到这里的。

但这些只是科学家们的猜测而已，这个谜仍然没有被解开。

无雪干谷

在南极洲麦克默多湾的东北部，有三个相连的谷地。在谷地的周围是被冰雪覆盖的山谷。这里便是神秘的无雪干谷。

无雪干谷的热水湖

无雪干谷的"热水湖"十分奇特。在3~4米厚的冰层下，水温是0℃左右；到了40米以下，水温竟然升到了25℃。

图书在版编目(CIP)数据

孩子最爱看的地球奥秘传奇 / 崔钟雷编著.—沈阳:
万卷出版公司，2012.6（2019.6 重印）
　（奥秘天下）
　ISBN 978-7-5470-1874-3

Ⅰ.①孩… Ⅱ.①崔… Ⅲ.①地球－少儿读物　Ⅳ.
①P183-49

中国版本图书馆 CIP 数据核字（2012）第 090612 号

出版发行: 北方联合出版传媒（集团）股份有限公司
　　　　　万卷出版公司
　　　　　（地址: 沈阳市和平区十一纬路 29 号 邮编: 110003）
印 刷 者: 北京一鑫印务有限责任公司
经 销 者: 全国新华书店
幅面尺寸: 690mm×960mm　1/16
字　　数: 100 千字
印　　张: 7
出版时间: 2012 年 6 月第 1 版
印刷时间: 2019 年 6 月第 4 次印刷
责任编辑: 张　黎
策　　划: 钟　雷
装帧设计: 稻草人工作室
主　　编: 崔钟雷
副 主 编: 张文光 翟羽朦 李 雪
ISBN 978-7-5470-1874-3
定　　价: 29.80 元

联系电话: 024-23284090
邮购热线: 024-23284050/23284627
传　　真: 024-23284448
E－mail: vpc_tougao@163.com
网　　址: http://www.chinavpc.com

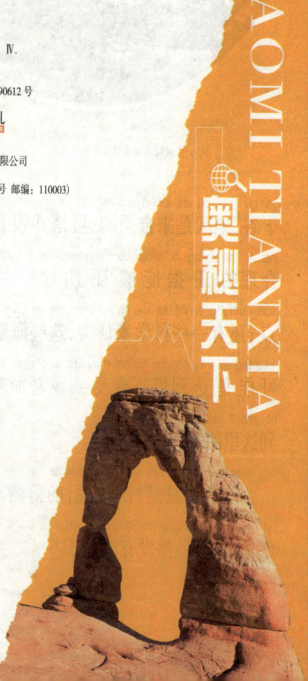